职业教育·通用课程教材

Jiegou Lixue Xitiji

结构力学习题集

王 雷 娄 霜 主编

人民交通出版社股份有限公司
北京

内 容 提 要

本书为职业教育通用课程教材,为《结构力学》(主编王雷、娄霜)的配套习题集。本书的章节同主教材章节一样,便于学生通过本习题集进一步加深所学知识。

本书配套了思考题和习题答案,读者可通过扫描封面二维码完成注册后,在线查看。

图书在版编目(CIP)数据

结构力学习题集/王雷,娄霜主编. —北京:人民交通出版社股份有限公司,2024.1
ISBN 978-7-114-19335-4

Ⅰ.①结… Ⅱ.①王… ②娄… Ⅲ.①结构力学—高等职业教育—习题集 Ⅳ.①O342-44

中国国家版本馆 CIP 数据核字(2024)第 020427 号

职业教育·通用课程教材

书　　名:	结构力学习题集
著 作 者:	王　雷　娄　霜
责任编辑:	李　瑞　李　敏
责任校对:	赵媛媛
责任印制:	刘高彤
出版发行:	人民交通出版社股份有限公司
地　　址:	(100011)北京市朝阳区安定门外外馆斜街 3 号
网　　址:	http://www.ccpcl.com.cn
销售电话:	(010)59757973
总 经 销:	人民交通出版社股份有限公司发行部
经　　销:	各地新华书店
印　　刷:	北京虎彩文化传播有限公司
开　　本:	787×1092　1/16
印　　张:	8
字　　数:	186 千
版　　次:	2024 年 1 月　第 1 版
印　　次:	2024 年 1 月　第 1 次印刷
书　　号:	ISBN 978-7-114-19335-4
定　　价:	30.00 元

(有印刷、装订质量问题的图书,由本公司负责调换)

前言
Preface

  为适应新形势下国家职业教育改革的需要，满足"产教融合、校企合作"人才培养模式改革和以学生为主体的教学要求，本书以培养宽口径的"大土木"专业职业技术应用型人才为目标，突出了前后章节知识的衔接性和连贯性，既可用于全日制高等职业教育、大学函授教育、成人教育和自学考试等，又适用于职业本科和应用型本科教育，亦可作为报考硕士研究生的考前复习资料。

  本书是学生用书，可与主教材《结构力学》（主编王雷、娄霜）配套使用。全书共分10章，将经典结构力学的基本理论和方法与现代标准化考试体系融为一体，习题难度由浅入深，编者对每道题都作了详细解答，并指出解题的方法和技巧，读者可扫描封面二维码注册后查看。

  本书由安徽交通职业技术学院王雷、娄霜主编。

  书中不妥和谬误之处，恳请同行和读者批评指正。

编 者
2023年12月

目 录

Contents

第1章 绪论 ………………………………………………………… 001
第2章 平面体系的几何组成分析 ………………………………… 003
第3章 静定梁和静定平面刚架 …………………………………… 015
第4章 静定三铰拱 ………………………………………………… 026
第5章 静定桁架和组合结构 ……………………………………… 035
第6章 影响线及其应用 …………………………………………… 046
第7章 静定结构的位移计算 ……………………………………… 053
第8章 力法 ………………………………………………………… 067
第9章 位移法 ……………………………………………………… 088
第10章 渐近法 ……………………………………………………… 105

第1章 绪　　论

思考题

1-1　按几何特征划分，结构可分为哪几类？

1-2　结构力学的研究对象和任务是什么？

1-3　选取结构计算简图的一般原则是什么？

1-4　列举结构支座的主要类型及其相应的支座反力。

1-5　平面杆件结构的主要类型有哪些？

1-6 对于同样的车轮荷载,在进行主梁整体分析时可视为集中荷载[思考题1-6图(a)],而当对行车道板进行分析时必须按分布荷载考虑[思考题1-6图(b)],为什么?

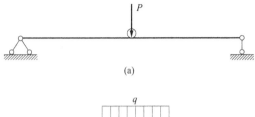

(a)

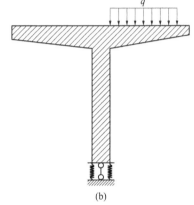

(b)

思考题1-6图

第 2 章 平面体系的几何组成分析

第 2 章习题答案

习题

2-1 试求图示各体系的计算自由度。

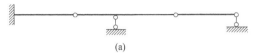

(a)

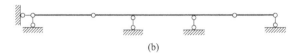

(b)

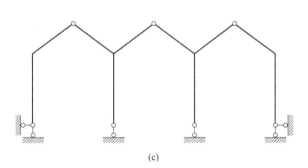

(c)

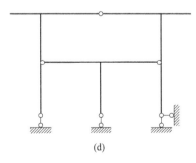

(d)

习题 2-1 图

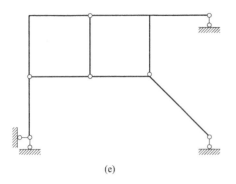

(e)

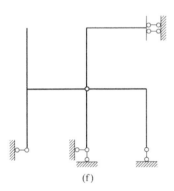

(f)

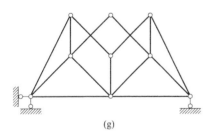

(g)

习题2-1 图

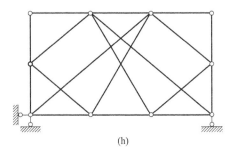

(h)

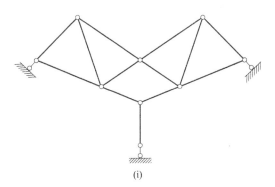

(i)

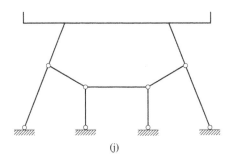

(j)

习题 2-1 图

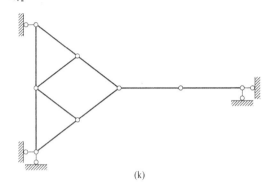

(k)

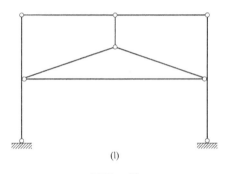

(l)

习题 2-1 图

2-2　试对习题 2-1 图所示各体系进行几何组成分析。

（a）

（b）

(c)

(d)

(e)

(f)

(g)

(h)

(i)

(j)

(k)

(l)

2-3 试对习题 2-3 图所示各体系进行几何组成分析。

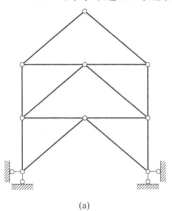

(a)

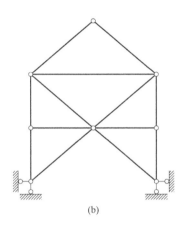

(b)

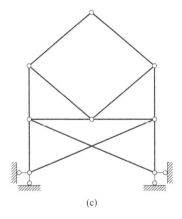

(c)

习题 2-3 图

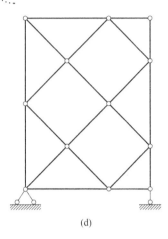

(d)

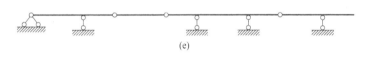

(e)

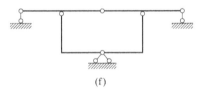

(f)

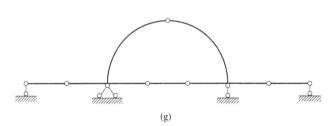

(g)

习题 2-3 图

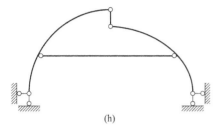

(h)

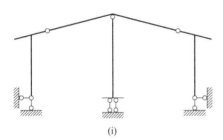

(i)

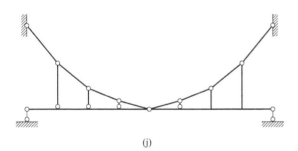

(j)

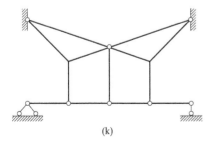

(k)

习题 2-3 图

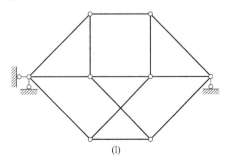

(l)

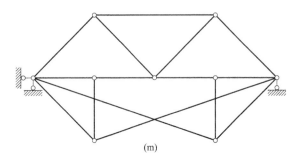

(m)

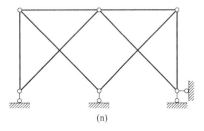

(n)

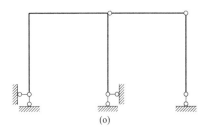

(o)

习题2-3 图

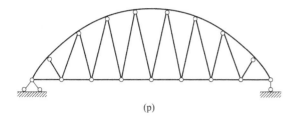

(p)

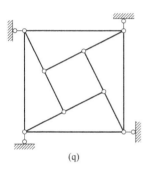

(q)

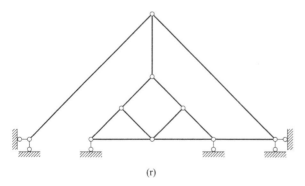

(r)

习题 2-3 图

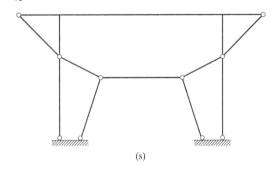

(s)

习题 2-3 图

第 3 章 静定梁和静定平面刚架

思考题

3-1 思考题 3-1 图所示斜梁当支座链杆 B 的方向改变(β 分别小于、等于或大于 90°)时,试讨论斜梁的内力变化情况。

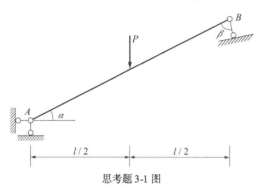

思考题 3-1 图

3-2 试确定思考题 3-2 图所示外伸梁的伸臂长度 x,使支座负弯矩与跨中正弯矩的绝对值相等。

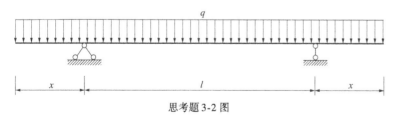

思考题 3-2 图

3-3 试确定思考题 3-3 图所示多跨静定梁铰 C 的位置,使支座截面弯矩 M_B、M_D 的绝对值相等。

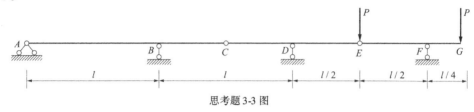

思考题 3-3 图

3-4 思考题 3-4 图(a)、(b)所示(集中力偶分别作用在铰左侧和右侧截面)梁的弯矩图是否相同?

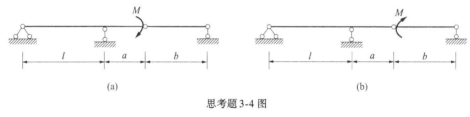

思考题 3-4 图

3-5 多跨静定梁的基本部分和附属部分的划分在有些情况下是否与所受的荷载有关?试举例说明。

3-6 绘制多跨静定梁的内力图时,为什么要先计算附属部分,后计算基本部分？如果不划分基本部分和附属部分,是否也能求出多跨静定梁的全部支座反力并作出内力图？

3-7 静定梁和静定平面刚架的内力图如何进行校核？

习题

3-1 作习题 3-1 图所示单跨静定梁的弯矩图。

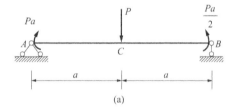

(a)

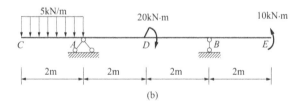

(b)

(c)

习题 3-1 图

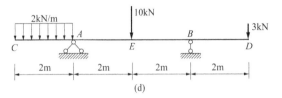

(d)

习题 3-1 图

3-2 作习题 3-2 图所示单跨静定梁的内力图。

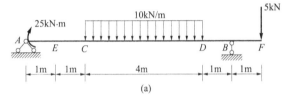

(a)

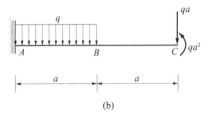

(b)

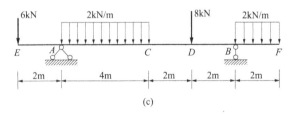

(c)

习题 3-2 图

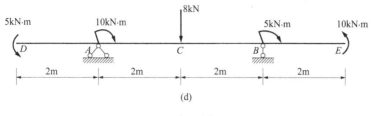

(d)

习题 3-2 图

3-3 作习题 3-3 图所示多跨静定梁的内力图。

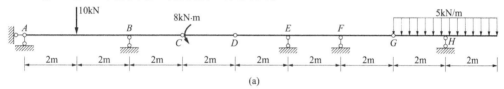

(a)

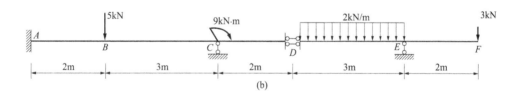

(b)

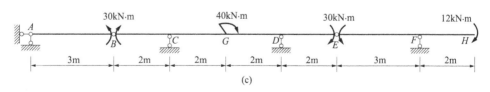

(c)

习题 3-3 图

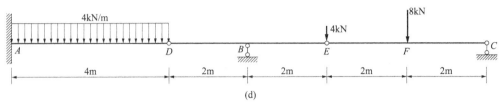

(d)

习题 3-3 图

3-4　作习题 3-4 图所示简支刚架的内力图。

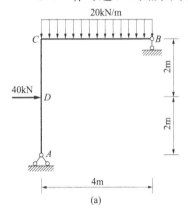

(a)

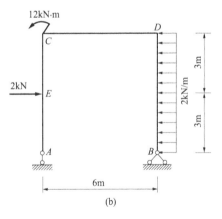

(b)

习题 3-4 图

3-5 作习题3-5图所示悬臂刚架的内力图。

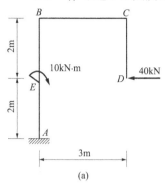
(a)

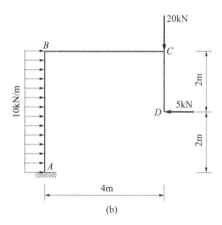
(b)

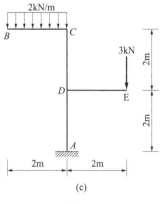
(c)

习题3-5图

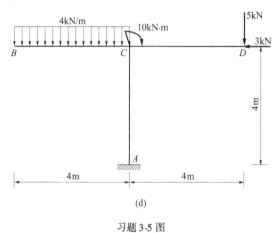

(d)

习题 3-5 图

3-6 作习题 3-6 图所示三铰刚架的内力图。

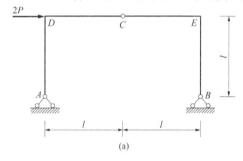

(a)

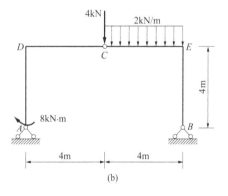

(b)

习题 3-6 图

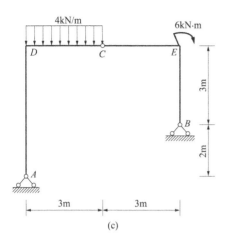

(c)

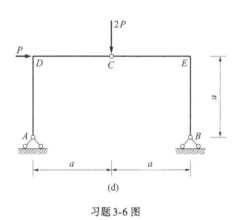

(d)

习题 3-6 图

3-7 不求或少求支反力,快速作出习题 3-7 图所示刚架和静定梁的弯矩图。

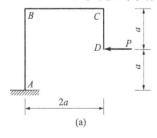

(a)

习题 3-7 图

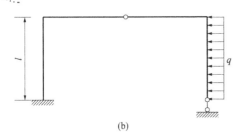

(b)

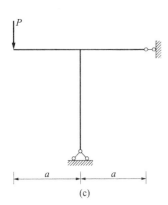

(c)

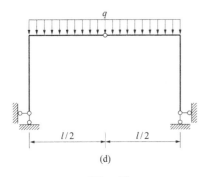

(d)

习题 3-7 图

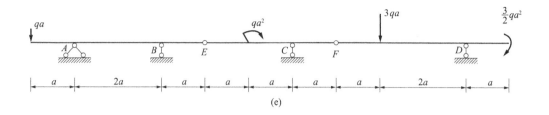

(e)

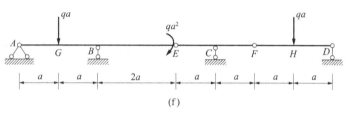

(f)

习题 3-7 图

第4章 静定三铰拱

思考题

4-1 三铰拱与三铰刚架的受力特点是否相同？能否用三铰拱的计算公式计算三铰刚架？

4-2 试求思考题4-2图所示荷载作用下三铰拱的合理拱轴线。

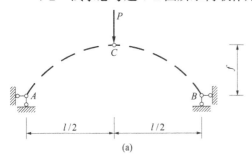

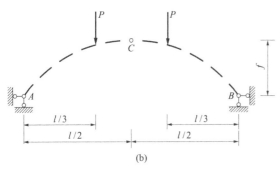

思考题4-2图

4-3　思考题 4-3 图所示三铰拱，拱轴线方程为 $y = \dfrac{4f}{l^2}x(l-x)$，试求 $x = \dfrac{l}{4}$ 处拱截面的弯矩。其他任一截面的弯矩与该截面弯矩是否相同？

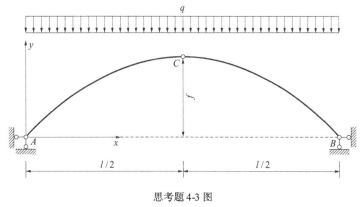

思考题 4-3 图

习题

4-1　试求习题 4-1 图所示(a)、(b)中三铰拱的支座反力及图(b)中拉杆内力。

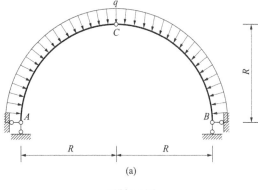

(a)

习题 4-1 图

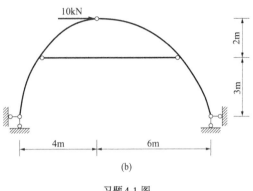

(b)

习题 4-1 图

4-2 习题 4-2 图所示三铰拱,拱轴线方程为 $y = \dfrac{4f}{l}x(l-x)$,求荷载 P 作用下的支座反力及截面 D、E 的内力。

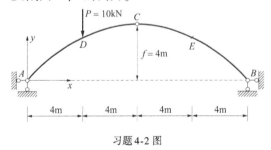

习题 4-2 图

4-3 求习题4-3图所示圆弧三铰拱的支座反力、拉杆AB轴力及截面K的内力。

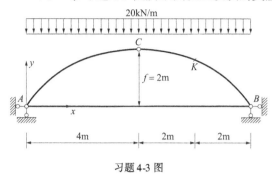

习题4-3 图

4-4 抛物线三铰拱的轴线方程为 $y = \dfrac{4f}{l}x(l-x)$，受力如习题4-4图所示，试求截面K的内力。

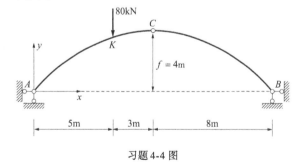

习题4-4 图

4-5 抛物线三铰拱的轴线方程为 $y = \dfrac{4f}{l}x(l-x)$，受力如习题 4-5 图所示，已知：$P = 4\text{kN}$，$q = 1\text{kN/m}$。试求截面 K 的内力。

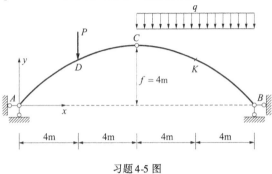

习题 4-5 图

4-6 试求习题 4-6 图所示半圆形三铰拱 $\dfrac{3}{4}$ 截面处 D 的内力。

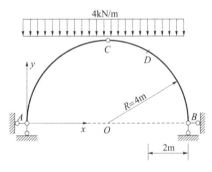

习题 4-6 图

4-7 试求习题4-7图所示带拉杆的半圆形三铰拱截面 K 的内力。

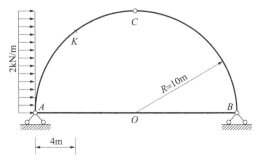

习题4-7图

4-8 计算习题4-8图所示半圆三铰拱 K 截面的内力 M_K、Q_K、N_K。已知:$q = 1\text{kN/m}$,$M = 18\text{kN} \cdot \text{m}$。

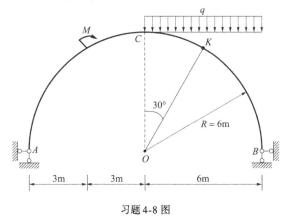

习题4-8图

4-9 计算习题4-9图所示抛物线三铰拱 K 截面的内力 M_K、Q_K、N_K，轴线方程为 $y = \dfrac{4f}{l}x(l-x)$。已知：$M = 20\text{kN}\cdot\text{m}$。

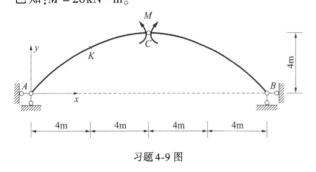

习题4-9图

4-10 试求习题4-10图所示三铰拱在各自荷载作用下的合理拱轴线方程，并绘制出合理拱轴线。

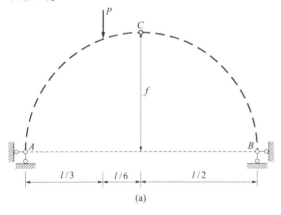

习题4-10图

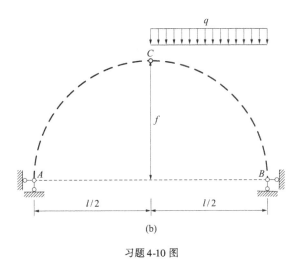

(b)

习题 4-10 图

4-11 试求习题 4-11 图所示三铰拱在荷载作用下的合理拱轴线方程,并绘制出合理拱轴线。

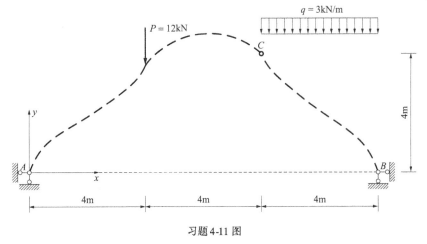

习题 4-11 图

4-12 查看习题4-2中的三铰拱,回答下列问题:
(1) 如果改变拱的矢高(设矢高 $f=8$m),支座反力和弯矩有何变化?

(2) 如果矢高和跨度同时改变,但矢跨比 f/l 不变,支座反力和弯矩有何变化?

第5章 静定桁架和组合结构

第5章思考题和习题答案

思考题

5-1 实际桁架与理想桁架有哪些区别？

5-2 计算桁架内力的两种方法是什么？其基本原理分别是什么？

5-3 试利用结点的平衡条件推导出零杆和等力杆的各种结论。

5-4 在桁架内力分析中如何应用几何组成分析相关的知识？

5-5 为利用对称性，可将思考题5-5图(a)分解为图(b)和图(c)，这样分解是否正确？

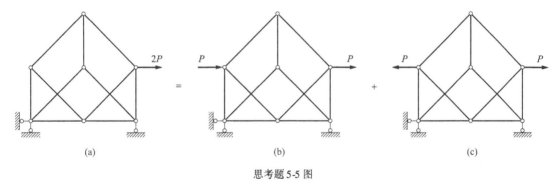

思考题5-5图

5-6 组合结构中有几种基本杆件？有几种结点类型？计算时应注意什么？

习题

5-1 判定习题 5-1 图所示桁架中的零杆。

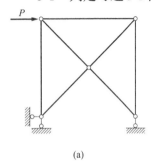

(a)

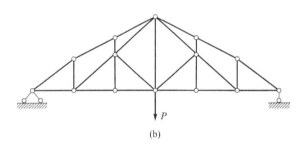

(b)

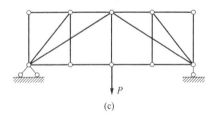

(c)

习题 5-1 图

(d)

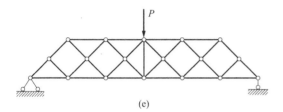

(e)

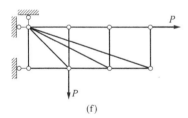

(f)

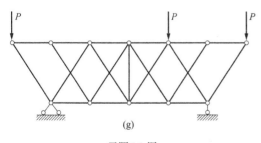

(g)

习题 5-1 图

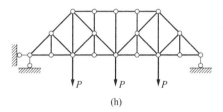

(h)

习题 5-1 图

5-2 采用结点法计算习题 5-2 图所示桁架各杆内力。

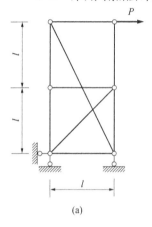

(a)

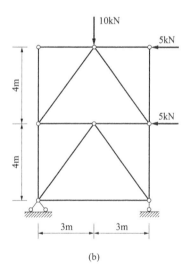

(b)

习题 5-2 图

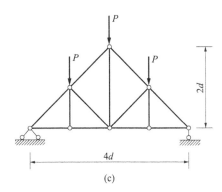

(c)

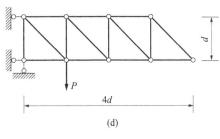

(d)

习题 5-2 图

5-3 采用截面法计算习题 5-3 图所示桁架指定杆件的内力。

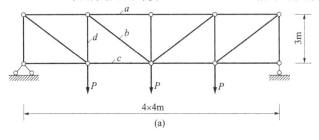

(a)

习题 5-3 图

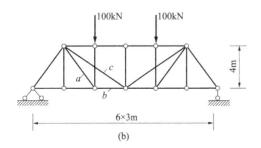

(b)

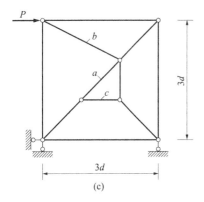

(c)

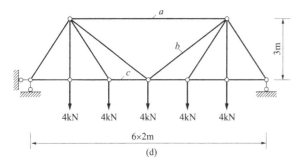

(d)

习题 5-3 图

5-4 采用合适的方法计算习题 5-4 图所示桁架指定杆件的内力。

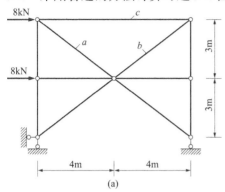

(a)

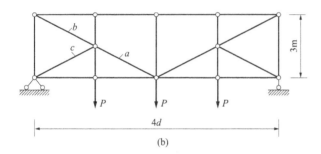

(b)

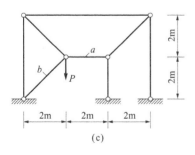

(c)

习题 5-4 图

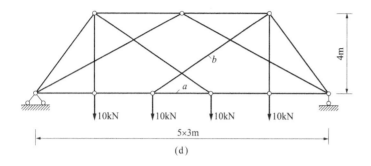
(d)

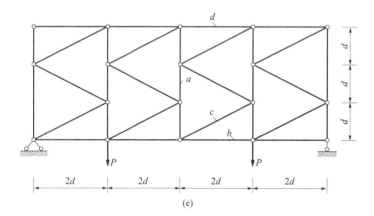
(e)

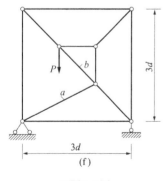
(f)

习题 5-4 图

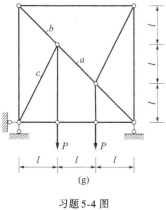

(g)

习题 5-4 图

5-5 求习题 5-5 图所示桁架的支座反力及指定杆件的内力。

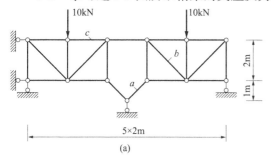

(a)

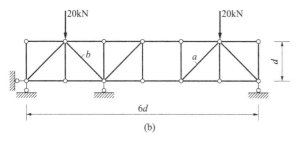

(b)

习题 5-5 图

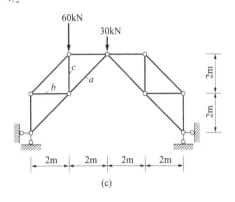

(c)

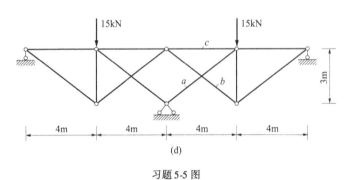

(d)

习题 5-5 图

5-6 求习题 5-6 图所示组合结构中各链杆的轴力,并绘制出梁式杆的内力图。

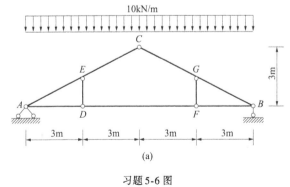

(a)

习题 5-6 图

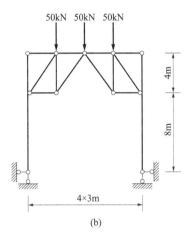

(b)

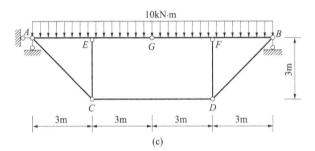

(c)

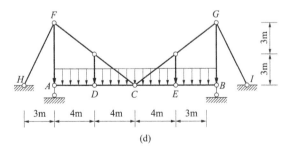

(d)

习题 5-6 图

第 6 章 影响线及其应用

思考题

6-1 试举例说明土木工程中的移动荷载和固定荷载。

6-2 按思考题 6-2 图与思考题 6-2 表内容填写，总结归纳图中弯矩影响线与弯矩图的区别。

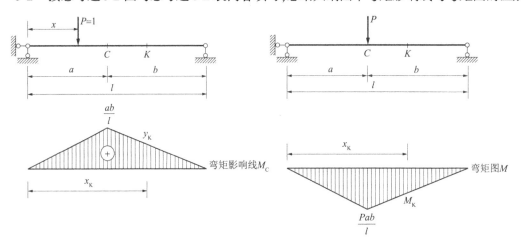

思考题 6-2 图

思考题 6-2 表

对比内容	弯矩影响线	弯矩图
荷载性质		
横坐标 x_K 意义		
纵坐标 y_K（或 M_K）意义		
正负号规定		
量纲		

6-3 用静力法作影响线的理论依据是什么？步骤如何？

6-4 用机动法作影响线的理论依据是什么？步骤如何？

6-5 梁中同一截面的不同内力（如弯矩 M、剪力 Q 等）的最不利荷载位置是否相同？为什么？

6-6 试说明为什么静定多跨梁附属部分的内力（或反力）影响线在基本部分上的线段与基线重合。

6-7 何谓内力包络图？写出绘制简支梁弯矩包络图的步骤。

习题

6-1 试作出习题 6-1 图所示悬臂梁的反力 V_A、H_A、M_A 及内力 Q_C、M_C 的影响线。

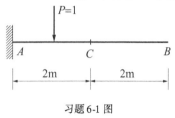

习题 6-1 图

6-2 试作出习题 6-2 图所示结构 $Q_B^{左}$、$Q_B^{右}$、M_B、N_{BC} 的影响线。

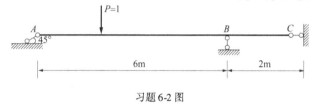

习题 6-2 图

6-3 试作出习题 6-3 图所示外伸梁 M_A、M_C、$Q_A^{左}$、$Q_A^{右}$ 的影响线。

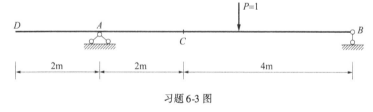

习题 6-3 图

6-4 试作出习题 6-4 图所示结构 Q_C、M_C 的影响线

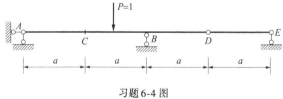

习题 6-4 图

6-5 试作出习题6-5图所示主梁Q_K、M_K的影响线。

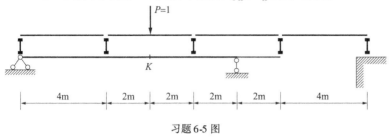

习题6-5图

6-6 试作出习题6-6图所示结构M_A、Q_A、R_B、M_B、$Q_B^{左}$的影响线。

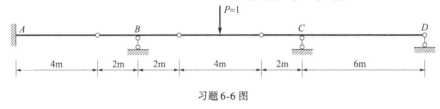

习题6-6图

6-7 试作出习题6-7图所示结构Q_E、Q_F、M_F、M_C、$Q_C^{右}$的影响线。

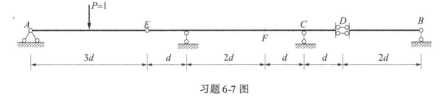

习题6-7图

6-8 试作出习题6-8图所示结构 Q_K、M_K、R_A、$Q_E^{左}$、$Q_E^{右}$ 的影响线。

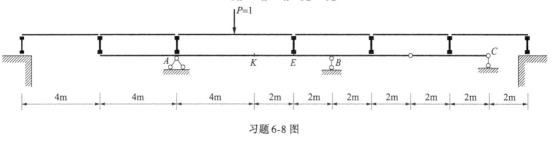

习题6-8图

6-9 求习题6-9图所示静定桁架中指定杆件内力影响线。

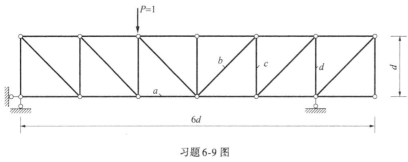

习题6-9图

6-10 应用影响线计算习题6-10图所示荷载作用下 $Q_C^{右}$、M_C 的值。

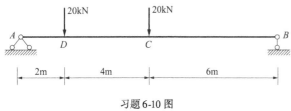

习题6-10图

6-11 应用影响线计算习题 6-11 图所示荷载作用下 $Q_C^右$、M_C 的值。

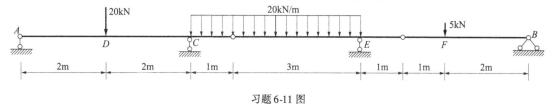

习题 6-11 图

6-12 在习题 6-12 图所示荷载组移动时,试确定量值 M_C、Q_C、M_D 最不利荷载位置及相应的内力。

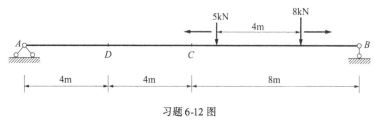

习题 6-12 图

6-13 利用影响线,求习题 6-13 图所示固定荷载作用下截面 K 的内力 M_K 和 $M_K^左$。

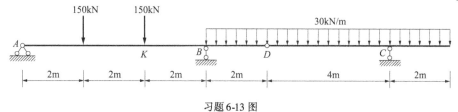

习题 6-13 图

6-14　试绘制习题6-14图所示简支梁 AB 在移动荷载组作用下的弯矩包络图（截面按2m 间距计算）。

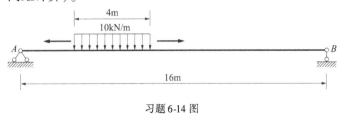

习题 6-14 图

6-15　试绘制习题6-15图所示简支梁 AB 在移动荷载组作用下的弯矩包络图（截面按2m 间距计算）。

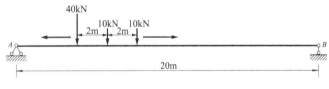

习题 6-15 图

第 7 章 静定结构的位移计算

思考题

7-1 没有变形就没有位移,此结论是否成立?

7-2 没有内力就没有位移,此结论是否成立?

7-3 什么是相对线位移和相对角位移?试举例说明。

7-4 何谓实功和虚功?两者的区别是什么?

7-5 推导变形体虚功方程时,除了利用平衡条件之外,还需要利用什么条件?

7-6 如何根据变形体虚功方程推导刚体虚功方程?

7-7 结构上本来没有虚拟单位荷载,但在求解位移时却加上了虚拟单位荷载,这样求出来的位移还等于原来的实际位移吗?它是否包括虚拟单位荷载引起的位移?

7-8 求位移时怎样确定虚拟的广义单位力?这个单位广义力具有什么量纲?为什么?

7-9 图乘法的应用条件是什么？求变截面梁和拱的位移时是否能够采用图乘法？

7-10 反力互等定理是否可以用于静定结构？结果如何？

7-11 何谓线弹性结构？位移互等定理能否用于非线弹性的静定结构？

7-12 思考题7-12图中所示图乘是否正确？若不正确请加以改正[图(a)、(b)、(c)中的 EI 为常数]。

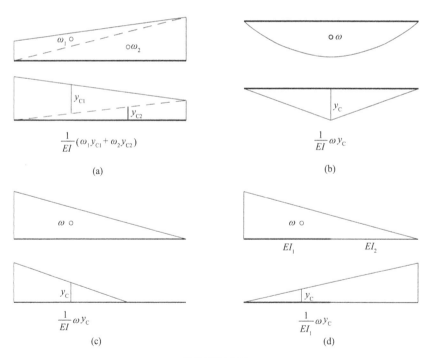

思考题 7-12 图

习题

7-1 采用积分法求习题 7-1 图所示刚架 C 点水平位移 Δ_{Cx}。

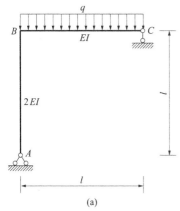

(a)

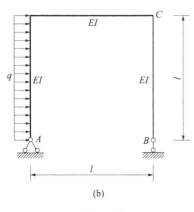

(b)

习题 7-1 图

7-2 采用积分法求习题 7-2 图所示结构指定位移（EI = 常数）。

(1) 求竖向位移 Δ_{By}。

(2) 求转角 φ_A、竖向位移 Δ_{Cy}。

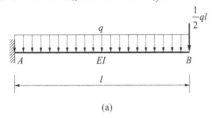
(a)

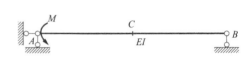
(b)

习题 7-2 图

7-3 求习题 7-3 图所示桁架指定位移(各杆件 EA = 常数)。
(1) 求水平位移 Δ_{Dx} 和杆 CD 的转角 φ_{CD}。
(2) 求竖向位移 Δ_{Gy}。

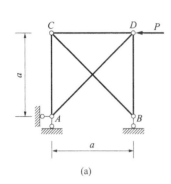 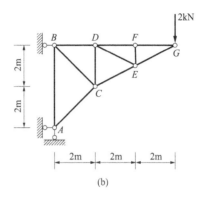

(a)　　　　　　　　　(b)

习题 7-3 图

7-4 习题 7-4 图所示桁架各杆截面均为 $A = 2 \times 10^{-3} \mathrm{m}^2$，$E = 2.1 \times 10^8 \mathrm{kN/m^2}$，$P = 30\mathrm{kN}$，$d = 2\mathrm{m}$，试求：

(1) C 点的竖向位移 Δ_{Cy}；

(2) $\angle ADC$ 的改变量。

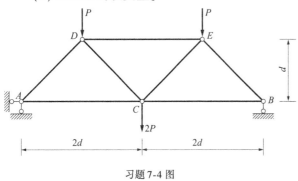

习题 7-4 图

7-5 采用图乘法，求习题 7-5 图所示指定竖向位移 Δ_{By}。

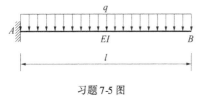

习题 7-5 图

7-6 采用图乘法,求习题7-6图所示指定竖向位移 Δ_{Cy}、转角 φ_C。

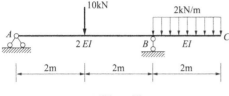

习题7-6图

7-7 采用图乘法,求习题7-7图所示指定转角 φ_B。

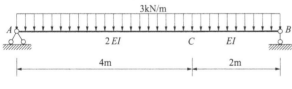

习题7-7图

7-8 采用图乘法,求习题 7-8 图所示结构的指定位移。

(1) 求相对转角 ρ_{AB}。

(2) 求转角 φ_D。

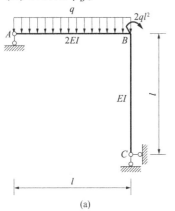
(a)

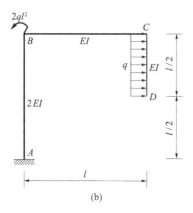
(b)

习题 7-8 图

7-9 采用图乘法,求习题 7-9 图所示指定水平位移 Δ_{Cx}、转角 φ_D。

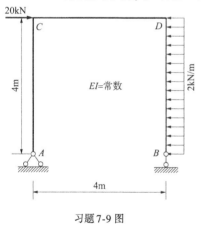

习题 7-9 图

7-10 习题 7-10 图所示梁 EI 为常数,在荷载 P 作用下,已测得截面 B 的角位移为 0.001rad(顺时针),试求 C 点的竖向位移 Δ_{Cy}。

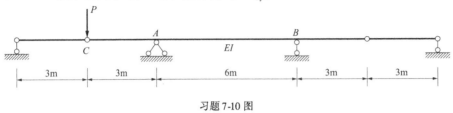

习题 7-10 图

7-11 用图乘法求习题 7-11 图所示组合结构 D 点的水平位移 Δ_{Dx}。($EI = 7.5 \times 10^5 \text{kN} \cdot \text{m}^2$, $EA = 2.1 \times 10^6 \text{kN}$)

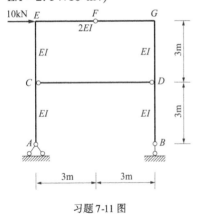

习题 7-11 图

7-12 习题 7-12 图所示组合结构，$EA = 4.0 \times 10^5 \text{kN}$，$EI = 2.4 \times 10^4 \text{kN} \cdot \text{m}^2$。为使 D 点的竖向位移不超过 1cm，则均布荷载 q 最大能为多少？

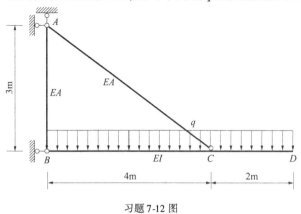

习题 7-12 图

7-13 求习题 7-13 图所示刚架因温度改变引起的 D 点的水平位移 Δ_{Dx}（各杆截面相同且对称于形心轴，其厚度为 $h = l/10$，材料的线膨胀系数为 α）。

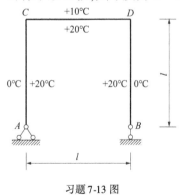

习题 7-13 图

7-14　习题 7-14 图所示刚架各杆为等截面且对称于形心轴,截面高度 $h=0.5\text{m}$,$\alpha=1.0\times 10^{-5}/℃$,刚架内侧温度升高了 40℃,外侧升高了 10℃,求 B 点的水平位移 Δ_{Bx}。

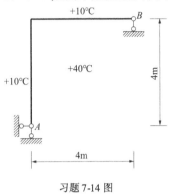

习题 7-14 图

7-15　试计算习题 7-15 图所示结构由于支座位移所引起的 C 点的竖向位移 Δ_{Cy} 和铰 B 两侧截面间的相对转角 φ_{BB}。

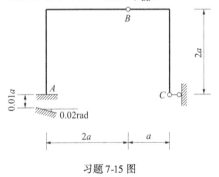

习题 7-15 图

7-16 试计算习题 7-16 图所示结构由于支座位移所引起的 D 点的竖向位移 Δ_{Dy} 和铰 C 两侧截面间的相对转角 φ_{CC}。

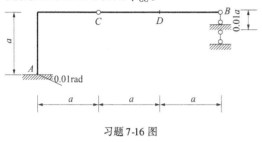

习题 7-16 图

7-17 习题 7-17 图所示桁架的杆 CD 在制造时短了 $0.5\mathrm{cm}$，试求由此引起的点 F 的水平位移 Δ_{Fx}。

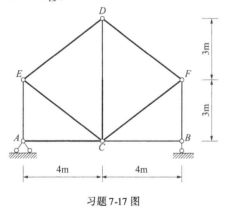

习题 7-17 图

7-18 由于制造误差，习题7-18图所示桁架中 HI 杆长了 0.8cm，CG 杆短了 0.6cm，试求装配后中央节点 G 的水平偏离值 Δ_{Gx}。

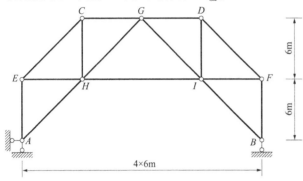

习题7-18图

第 8 章 力 法

思考题

8-1 如何确定结构的超静定次数？

8-2 力法求解超静定问题的思路是什么？

8-3 什么是力法基本未知量？力法的基本结构与基本体系之间有什么不同？基本体系与原结构之间有何不同？在选取力法基本结构时应掌握哪些原则？

8-4 试作出思考题 8-4 图所示超静定结构的各两种力法基本结构。

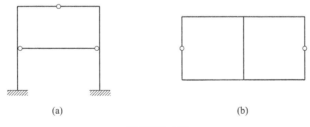

思考题 8-4 图

8-5 力法方程的物理意义是什么？力法典型方程的右端是否一定为零？

8-6 思考题8-6图(a)所示结构若选取图(b)所示力法基本体系，试写出力法方程。方程中的δ_{12}、δ_{22}、Δ_{1P}的含义是什么？如何计算？

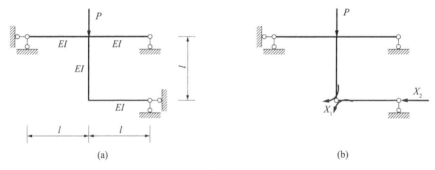

思考题8-6图

8-7 为什么静定结构的内力与杆件的刚度无关而超静定结构与之有关？在什么情况下，超静定结构的内力仅与各杆件刚度的相对值有关？在什么情况下，超静定内力与各杆件刚度的实际值有关？

8-8 试指出利用对称性计算思考题8-8图所示对称结构的思路,并画出相应的半结构。

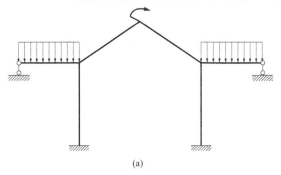

(a)

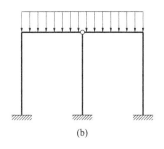

(b)

思考题8-8图

8-9 如何计算超静定结构的位移？为什么虚拟单位力可以加在任一基本结构上？可以加在原结构上吗？

8-10 用力法计算思考题8-10图所示超静定结构并绘制弯矩图。讨论：当$(I_2/I_1) \to \infty$和$(I_2/I_1) \to 0$时,梁的弯矩如何变化？

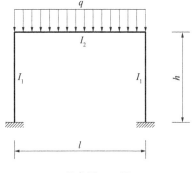

思考题8-10图

8-11 用力法计算思考题 8-11 图所示超静定结构并绘制弯矩图。讨论：当 $(I_2/I_1) \to \infty$ 和 $(I_2/I_1) \to 0$ 时，柱的弯矩和反弯点的位置如何变化？

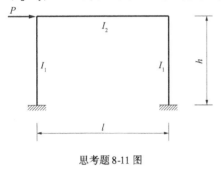

思考题 8-11 图

8-12 思考题 8-12 图(a)、(b)所示超静定结构发生支座位移，问：此时结构是否会产生内力，为什么？

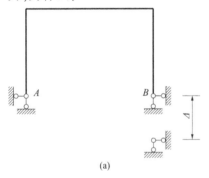

(a)

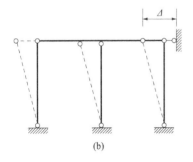

(b)

思考题 8-12 图

习题

8-1 试确定习题 8-1 图所示各结构的超静定次数。

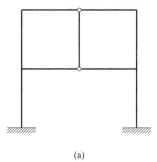

(a)

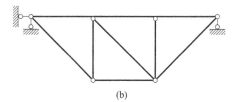

(b)

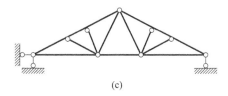

(c)

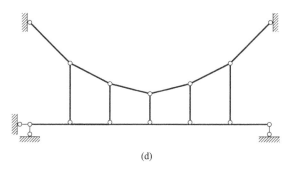

(d)

习题 8-1 图

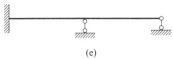
(e)

(f)

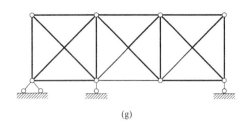
(g)

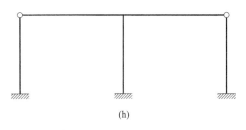
(h)

习题 8-1 图

8-2 采用力法求解习题 8-2 图所示超静定梁,并绘制弯矩图和剪力图。

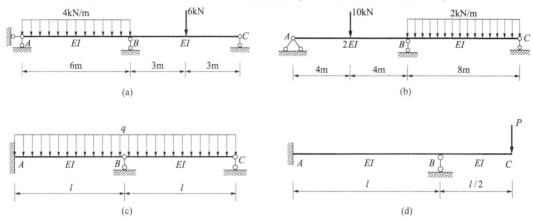

习题 8-2 图

8-3 采用力法计算习题 8-3 图所示超静定刚架,并绘制内力图。

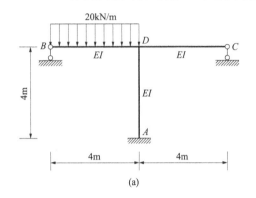
(a)

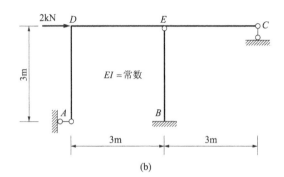
(b)

习题 8-3 图

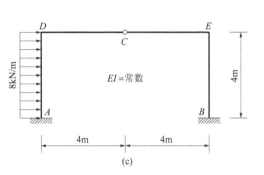 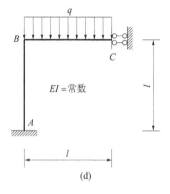

(c)   (d)

习题 8-3 图

8-4 采用力法计算习题 8-4 图所示超静定刚架,并绘制弯矩图。

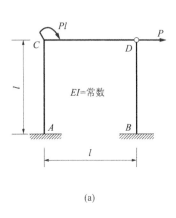
(a)

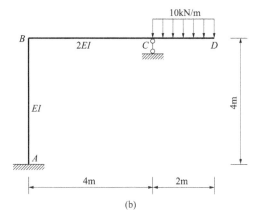
(b)

习题 8-4 图

8-5 采用力法计算习题 8-5 图所示超静定桁架各杆件的内力（各杆 EA 均为常数）。

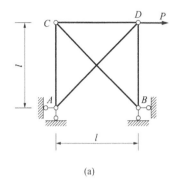

(a)

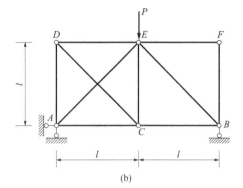

(b)

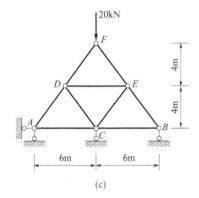

(c)

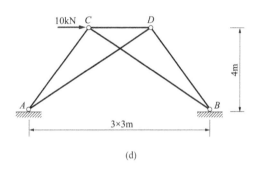

(d)

习题 8-5 图

8-6 作出习题 8-6 图所示排架的弯矩图。

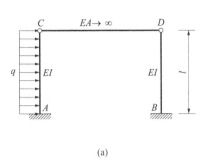
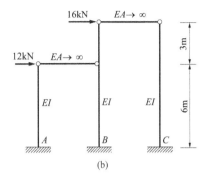

习题 8-6 图

8-7 利用对称性作出习题 8-7 图所示结构的内力图。

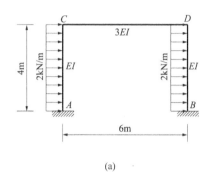
(a)

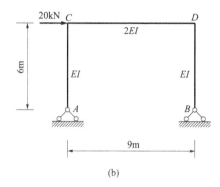
(b)

习题 8-7 图

8-8 利用对称性作出习题 8-8 图所示结构的弯矩图。

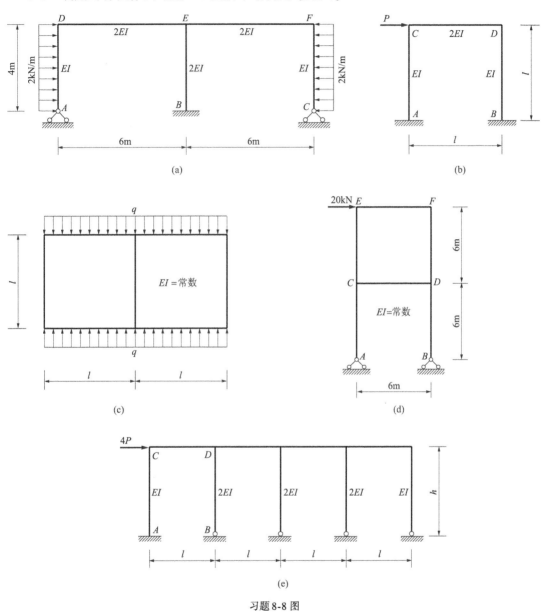

习题 8-8 图

8-9 利用对称性计算习题 8-9 图所示桁架各轴力。

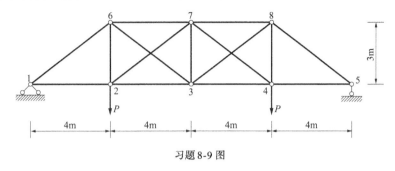

习题 8-9 图

8-10 采用力法计算习题 8-10 图所示结构由于支座位移引起的内力,并作弯矩图。

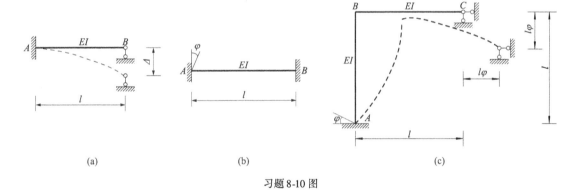

习题 8-10 图

8-11 结构的温度改变如习题 8-11 图所示，EI 为常数，截面对称于形心轴，其高度 $h = l/10$，材料的线膨胀系数为 α。

(1) 绘制出弯矩图；
(2) 求杆端 A 的角位移 φ_A。

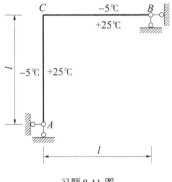

习题 8-11 图

8-12 如习题 8-12 图所示桁架，仅下弦杆温度升高了 10℃，设各杆 EA 相同，材料的线膨胀系数为 α，试求桁架各杆内力。

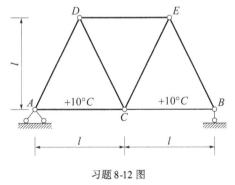

习题 8-12 图

8-13 习题 8-13 图所示桁架的 AB 杆制造时短了 0.5cm，若将其拉伸装配上，求由此引起的桁架各杆内力。设 $EI = 6 \times 10^5 \text{kN}$。

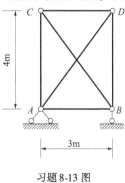

习题 8-13 图

8-14 试计算习题 8-14 图所示超静定结构 K 截面的竖向位移 Δ_{Ky}。

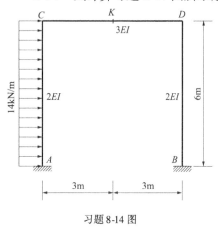

习题 8-14 图

8-15 校核习题 8-15 图所示结构的 M 图是否正确（EI 为常数）。

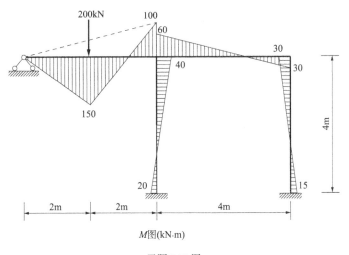

M图(kN·m)

习题 8-15 图

第 9 章 位 移 法

思考题

9-1 思考题9-1 图(a)所示的等截面两端固定梁,同时承受已知的杆端位移和荷载的作用,其相应的转角位移方程为:

$$\begin{cases} M_{AB} = 4i\varphi_A + 2i\varphi_B - \dfrac{6i}{l}\Delta + M_{AB}^g \\ M_{BA} = 2i\varphi_A + 4i\varphi_B - \dfrac{6i}{l}\Delta + M_{BA}^g \end{cases} \quad (1)$$

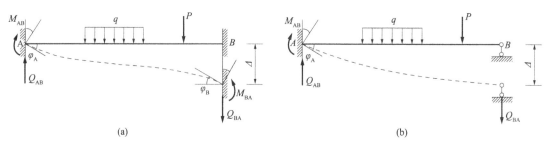

思考题9-1 图

图(b)所示的一端固定另一端铰支的等截面梁,在杆端位移和荷载的作用下,其相应的转角位移方程为:

$$M_{AB} = 3i\varphi_A - \dfrac{3i}{l}\Delta + M_{AB}^g \quad (2)$$

试从式(1)导出式(2)。

9-2 试作出思考题9-2图所示各单跨梁在杆端发生单位位移时的弯矩图（各梁 EI 为常数，杆长为 l）。

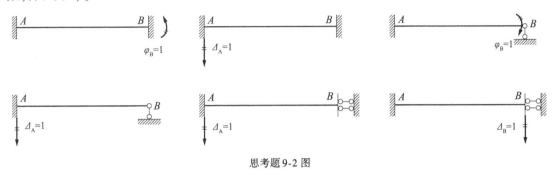

思考题9-2图

9-3 杆件铰结端的角位移和滑动支承端的线位移为什么不可以作为位移法的基本未知量？如果把它们也作为基本未知量，会出现什么情况？

9-4 在位移法中，人为施加附加刚臂和附加链杆的目的是什么？

9-5 从基本未知量、基本结构、基本方程、计算结果的复核、适用范围等方面,将位移法与力法进行比较。

9-6 "因为位移法的典型方程是平衡方程,所以在位移法中只用平衡条件就可以求解超静定结构的内力,而不必考虑结构的变形条件。"这种说法正确吗?

9-7 "结点无位移的刚架只承受结点集中荷载作用时(如思考题9-7图所示),其各杆无弯矩和剪力。"这种说法正确吗?试用位移法的典型方程加以说明。

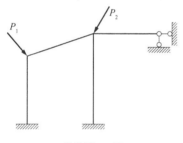

思考题9-7图

9-8 用力法计算思考题 9-8 图(a)所示超静定结构,若取图(b)所示超静定的基本体系,是否可行?

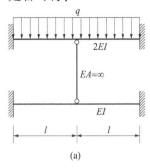

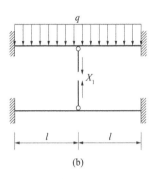

思考题 9-8 图

9-9 思考题 9-9 图所示的两杆件的 EI 相同,试分别写出其位移法方程,并求出方程中的系数和自由项。

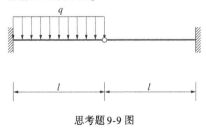

思考题 9-9 图

9-10 思考题9-10图所示排架,考虑横梁的轴向变形($EA \neq \infty$)和不考虑横梁的轴向变形($EA = \infty$),柱的内力有何不同?

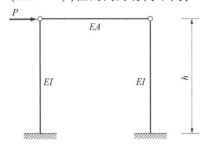

思考题9-10图

9-11 试推导出思考题9-11图所示刚架柱的侧移刚度系数(柱两端发生单位相对侧移时,柱中产生的剪力值),并作出结构的弯矩图。

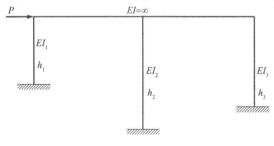

思考题9-11图

9-12　思考题9-12图所示三种结构的各杆长度均为l，柱的EI为常数。试分析三种结构的内力及柱顶侧移的差别。

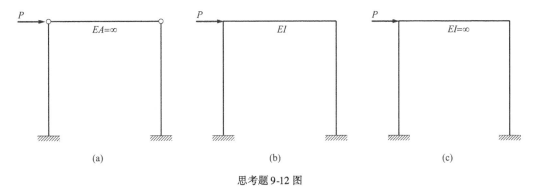

思考题9-12图

习题

9-1 试确定习题9-1图所示各结构用位移法计算时基本未知量数目和基本结构。

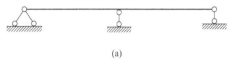

(a)

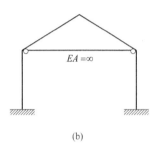

(b)

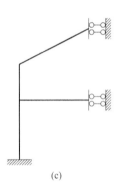

(c)

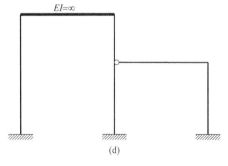

(d)

习题9-1图

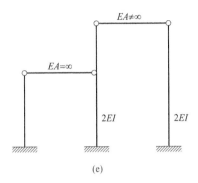

(e)

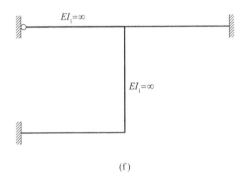

(f)

习题 9-1 图

9-2 采用位移法计算习题 9-2 图所示各超静定梁,并绘制弯矩图。

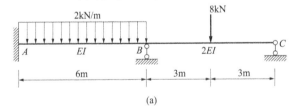

(a)

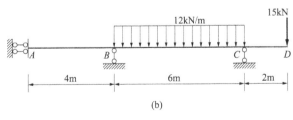

(b)

习题 9-2 图

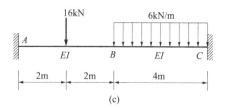

(c)

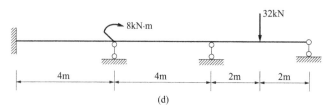

(d)

习题9-2图

9-3 采用位移法计算图示超静定刚架,并绘制内力图。

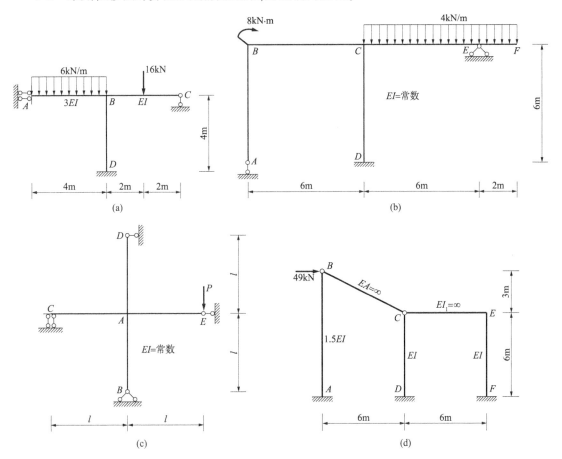

习题9-3 图

9-4 采用位移法计算习题 9-4 图所示超静定刚架,并绘制弯矩图。

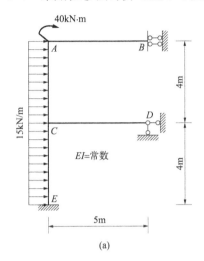

(a)

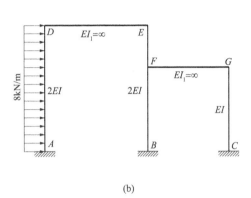

(b)

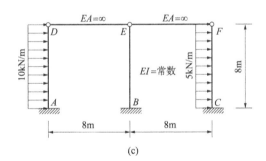

(c)

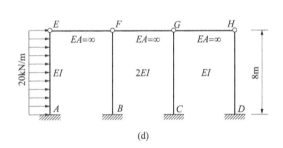

(d)

习题 9-4 图

9-5 采用位移法计算习题 9-5 图所示各对称结构,并绘制弯矩图。

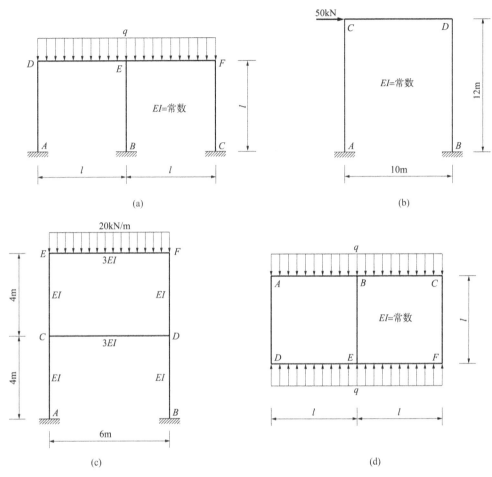

习题 9-5 图

9-6 习题9-6图所示等截面连续梁,$EI = 1.2 \times 10^5 \text{kN} \cdot \text{m}^2$,已知支座 C 下沉 1.6cm,用位移法求作弯矩图。

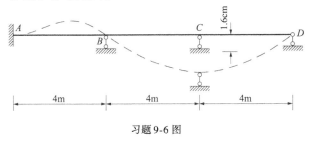

习题9-6图

9-7 习题9-7图所示刚架 A 支座下沉 1cm,B 支座下沉 3cm,求结点 D 的转角(已知各杆 $EI = 1.8 \times 10^5 \text{kN} \cdot \text{m}^2$)。

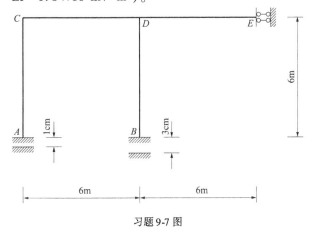

习题9-7图

9-8 在习题 9-8 图所示刚架的 AB 杆 A 端作用力偶 M，使 A 端截面产生顺时针转角 $\varphi = 0.01\text{rad}$。求力偶 M 的大小及 D 点竖向位移 Δ_{Dy}。已知各杆 $EI = 8.0 \times 10^4 \text{kN} \cdot \text{m}^2$。

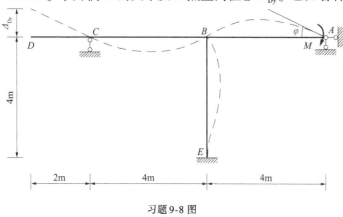

习题 9-8 图

9-9 试用混合法并结合对称性计算习题 9-9 图所示刚架，并绘制其弯矩图。

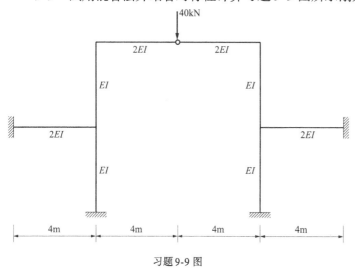

习题 9-9 图

第 10 章 渐 近 法

第 10 章思考题和习题答案

思考题

10-1 思考题 10-1 图所示三种杆件 B 端的转动刚度是否相同？

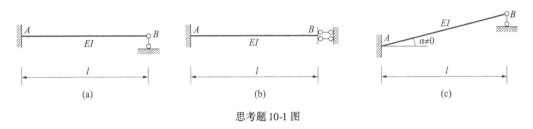

思考题 10-1 图

10-2 在力矩分配法中，为什么原结构发的杆端弯矩是固端弯矩、分配弯矩及传递弯矩的代数和？

10-3 在力矩分配法中，如果还要求出刚结点的转角，应当如何进行计算？

10-4 如思考题 10-4 图所示，设一等截面杆件 AB，线刚度为 EI，A 端的转动刚度为 i。求相应的传递系数 C_{AB}。

思考题 10-4 图

10-5 思考题 10-5 图所示结构能否采用力矩分配法计算？

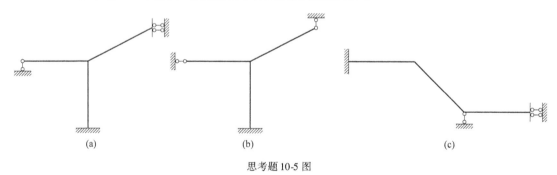

思考题 10-5 图

10-6 思考题 10-6 图所示结构能否采用无剪力分配法计算？

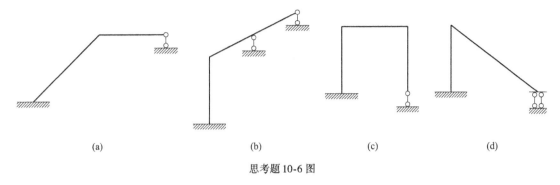

思考题 10-6 图

习题

10-1 用力矩分配法计算习题 10-1 图所示连续梁，作弯矩图和剪力图，并求支座 B 的反力。

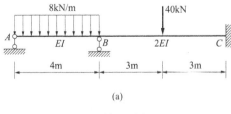

(a)

习题 10-1 图

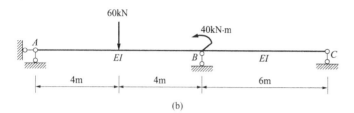

(b)

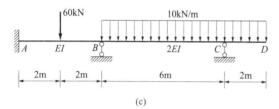

(c)

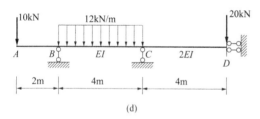

(d)

习题 10-1 图

10-2 用力矩分配法计算习题 10-2 图所示连续梁,作弯矩图。

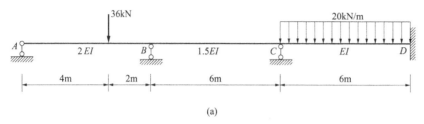

(a)

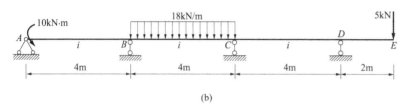

(b)

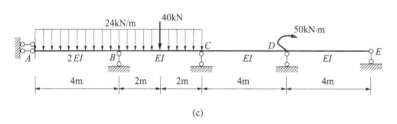

(c)

习题 10-2 图

10-3 用力矩分配法计算习题 10-3 图所示超静定刚架，作弯矩图。

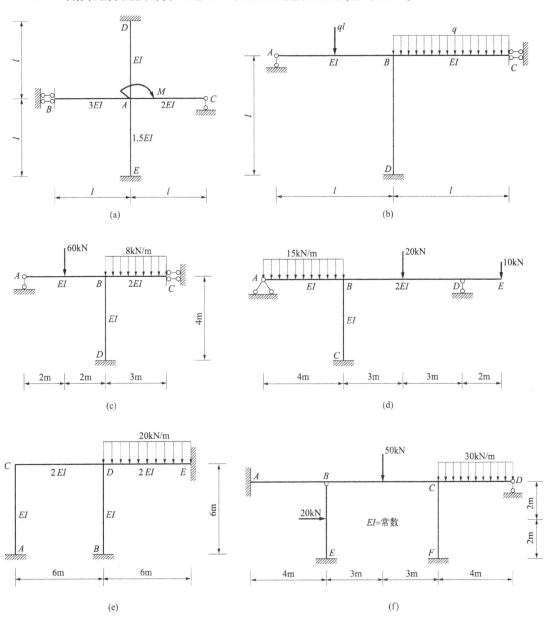

习题 10-3 图

10-4 习题 10-4 图所示等截面连续梁 $EI = 2.5 \times 10^4 \text{kN} \cdot \text{m}^2$，在杆端 A 施加力矩 M_A，使 A 端产生转角 $\varphi_A = 0.004 \text{rad}$，用力矩分配法求 M_A 的大小。

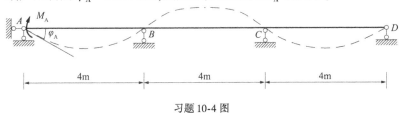

习题 10-4 图

10-5 习题 10-5 图所示刚架各杆 $EI = 4.8 \times 10^4 \text{kN} \cdot \text{m}^2$，支座 A 下沉 2cm，支座 B 顺时针转动了 0.005rad，用力矩分配法求作刚架的弯矩图。

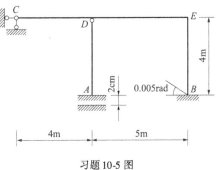

习题 10-5 图

10-6　习题 10-6 图所示刚架支座 D 下沉 $\Delta_D = 8\text{cm}$,支座 E 下沉了 $\Delta_E = 5\text{cm}$,并且发生顺时针方向的转角 $\varphi_E = 0.01\text{rad}$,试计算由此引起的各杆端弯矩(已知各杆的 $EI = 6 \times 10^4 \text{kN} \cdot \text{m}^2$)。

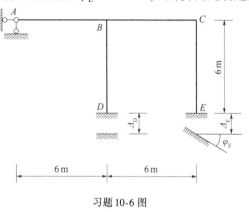

习题 10-6 图

10-7　采用无剪力分配法计算习题 10-7 图所示结构,作弯矩图(各杆 EI 为常数)。

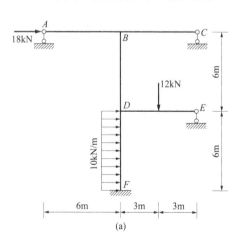
(a)

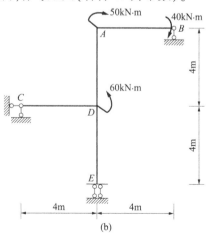
(b)

习题 10-7 图

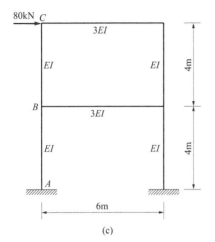
(c)
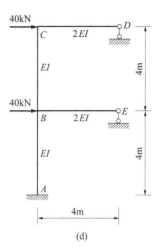
(d)

习题 10-7 图

10-8 用最简洁的方法(甚至心算)绘出习题10-8图所示各结构的弯矩图(除特殊标注杆件,其余各杆 EI、l 均相同)。

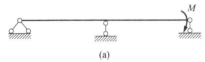

(a)

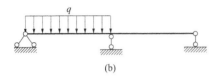

(b)

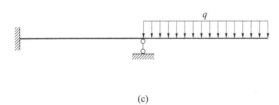

(c)

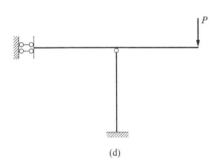

(d)

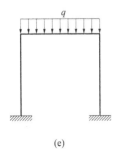

(e)

习题10-8图

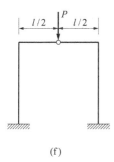

(f)

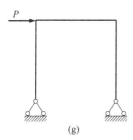

(g)

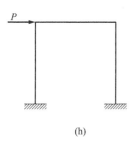

(h)

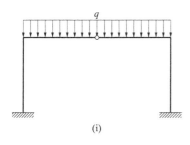

(i)

习题 10-8 图

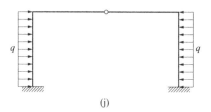

(j)

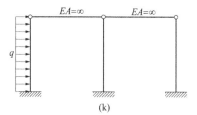

(k)

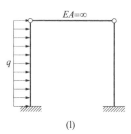

(l)

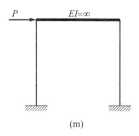

(m)

习题 10-8 图

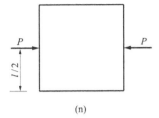

(n)

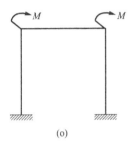

(o)

习题 10-8 图